IDÉE PREMIÈRE

DE L'EXPOSITION

DE

L'INDUSTRIE NATIONALE.

A Paris,

CHEZ CARRIER, LIBRAIRE-ÉDITEUR,

PLACE DE L'ÉCOLE DE MÉDECINE, Nº 1;

Aux Thernes,

CHEZ LE MÊME, VIEILLE-ROUTE DE NEUILLY, 48,

ET CHEZ L'AUTEUR, Nº 74.

1845.

IDÉE PREMIÈRE

DE L'EXPOSITION

DE

L'INDUSTRIE FRANÇAISE

AN V DE LA RÉPUBLIQUE (1797).

EXPOSITION,

QUI L'A SUIVIE IMMÉDIATEMENT,

AU CHATEAU DE SAINT-CLOUD.

2ᵉ EXPOSITION,

AN VI (1798),

Faite à la Maison d'Orsay, rue de Varennes 667,
avant celle qui fut faite au Champ-de-Mars.

AVIS DE L'ÉDITEUR.

En écrivant ces pages, notre intention
est d'établir, par des faits constants, l'é-
poque certaine et la véritable origine d'une
des institutions les plus précieuses que
possède aujourd'hui notre belle patrie.
Toute l'Europe a eu l'année dernière les
regards fixés sur l'exposition de l'industrie
française; tous les esprits ont été occupés
des progrès immenses qu'elle a faits dans
un si court espace de temps : les nations
admirent avec étonnement, et peut-être

même avec envie, la perfection à laquelle sont parvenus certains objets de nos manufactures, et la supériorité qu'elles ont acquise dans l'imitation des produits de l'industrie étrangère. Tant de motifs sont bien suffisants pour que l'auteur de cet écrit désire faire connaître au peuple français celui qui a eu la première idée, et qui a posé, si l'on peut s'exprimer ainsi, la première pierre du monument immortel de notre industrie nationale. Son unique but est de donner tous les éclaircissements les plus détaillés, les plus minutieux même à cet égard. Après avoir lu la première livraison de l'histoire de la fondation et de l'idée de l'exposition de l'industrie française, par M. Chalamel, nous nous sommes convaincus que l'auteur de cet intéressant ouvrage avait bien fixé, comme nous le faisons, l'époque exacte à laquelle fut émise l'idée de l'exposition nationale ; mais aucun détail, aucun développement à ce sujet, loin de faire mention des deux expositions successives, qui ont été soudainement la suite de cette idée, et du nom de celui qui les a fait exécuter. L'histoire de M. Chalamel n'indique point l'auteur de cette idée, et ne fait monter l'exécution de la première exposition, qui eut lieu au Champ de Mars, qu'à l'an 6 de la république, et peu de temps après la deuxième qui avait eu lieu à la maison d'Orsay. *Tout* ce que nous avançons est fondé sur des documents qu'il nous serait facile de produire ; ils se trouvent entre les mains du gouvernement et dans les archives du ministère de l'Intérieur; tous les journaux du temps, qu'il est aisé de consulter, n'ont cessé d'en faire mention et d'en occuper le public. Toutefois, nous croyons qu'il suffit, pour établir la vérité de cet écrit, de laisser parler l'honorable vieillard qui en est l'auteur, ainsi que de l'idée de l'exposition nationale et des deux premières qui l'ont suivie.

IDÉE PREMIÈRE

DE L'EXPOSITION

DE

L'INDUSTRIE FRANÇAISE,

AN V,

ET DES DEUX AUTRES QUI L'ONT SUIVIE.

J'ai **88** ans : je suis aveugle depuis **30**; ma cécité date de la fatale époque du voyage de la famille royale à Gand, où je la suivis. Depuis lors inhabile à toutes les fonctions, totalement séparé du monde, je vivais plongé dans la plus profonde obscurité, lorsqu'au mois de janvier 1844, j'entendis lire un journal qui annonçait, pour le premier mai, une exposition de l'industrie française.

Cette annonce réveilla tous mes souvenirs.

J'ai rassemblé mes idées, j'ai fait des recherches et j'ai trouvé les pièces authentiques qui prouvaient ce que je voulais publier. Je les publie aujourd'hui sans craindre d'en être démenti, et comme un document essentiel à l'époque de l'idée, et à l'histoire des expositions de l'industrie française.

Voici les faits :

Je fis un exposé que je me proposai d'adresser au ministre de l'agriculture et du commerce, et dans lequel je lui demandais un secours mensuel dont mon grand âge attestait le peu de durée. Avant de l'envoyer, je crus devoir l'appuyer d'une recommandation puissante : je m'adressai à S. A. R. Madame la princesse Adélaïde, qui depuis environ 30 ans, époque de ma cécité, m'a toujours honoré de sa bienfaisante protection. Je ne la sollicitai point vainement dans cette circonstance : car le 28

février 1844, j'en reçus une réponse favorable.
Je ne doutai plus de ce moment du succès
de ma demande auprès du ministre. En consé-
quence, je réclamai pendant plusieurs mois sa
réponse, que je reçus enfin le 18 juillet. J'en
joins ici la copie littérale :

MINISTÈRE
de
l'Agriculture
et du
COMMERCE

DEMANDE
de
Secours Mensuel.

Paris, le 15 Juillet 1844.

Monsieur le Marquis,

« J'ai reçu la demande que vous m'avez adressée, et
» qui m'a été transmise de la part de S. A. R. la Princesse
» Adélaïde, avec sa recommandation. Vous revendiquez
» la première idée de l'Exposition des produits de l'in-
» dustrie française, en me signalant les circonstances au
» milieu desquelles vous l'avez conçue, et vous avez
» saisi l'occasion de l'une de ces grandes solennités pour
» solliciter un secours mensuel dont votre âge et votre
» position vous font sentir le besoin.

» J'apprécie, Monsieur, vos titres à la faveur que vous
» sollicitez, et j'aurais désiré pouvoir, tant à cause de
» vos services, qu'en considération de la haute recom-
» mandation dont vous êtes l'objet, accueillir favorable-
» ment votre demande ; mais la spécialité des fonds de
» mon budget et leur insuffisance même pour les divers
» services auxquels ils sont destinés, ne m'en laisse pas les
» moyens, et je vous en exprime mes sincères regrets. »

Recevez, Monsieur le Marquis, l'assurance de ma
considération distinguée,

Le Ministre
de l'agriculture et du commerce,

Cunin-Gridaine.

Monsieur le Marquis d'Avèze.

Il me fut facile après cette lettre de comprendre que je n'avais rien à attendre du ministre. Un seul espoir me restait pour obtenir la récompense que je croyais avoir méritée. Et cette récompense, la plus flatteuse et la plus douce à mon cœur, est sans doute l'accueil que daignera faire le public à ma narration. Mon grand âge, ma cécité trentenaire, des souvenirs d'anciens services et difficiles à rassembler, enfin, mon défaut de talent et d'habitude d'écrire lui paraîtront dignes de l'indulgence que j'ose réclamer.

Le Directoire était à peine installé, que, conjointement avec MM. de Parny, de la Chabeaussière et Caillot (célèbre acteur du Théâtre Italien), je fus nommé administrateur de l'Académie de musique, ayant alors pour titre Théâtre des Arts.

Nous reçûmes ce bel établissement des mains des artistes sociétaires dans l'état le plus déplorable, et menaçant d'une chute prochaine.

Grâce aux efforts de notre administration, qui dura trois années consécutives, nous laissâmes ce beau théâtre à nos successeurs dans la situation la plus satisfaisante, et dans le chemin du progrès qu'il a toujours suivi et qu'il suit encore de nos jours.

En l'an 5 (1797), *je n'avais pas encore quitté l'Opéra*, que le ministre de l'Intérieur m'avait appelé pour être commissaire près des manufactures des Gobelins, de Sèvres et de la Savonnerie. Je n'eus pas besoin de faire un long séjour dans ces établissements pour m'apercevoir de la détresse dans laquelle ils étaient plongés : les ateliers étaient déserts; depuis deux ans les ouvriers mouraient de faim, les magasins étaient encombrés de marchandises, et aucune affaire commerciale ne venait les dégager.

Je peindrais difficilement l'effet que produisit sur moi un semblable tableau, mais une idée subite et lumineuse vint s'offrir à mon esprit, et sembla me consoler pour l'avenir des malheurs du présent.

L'idée d'une Exposition de tous les objets d'industrie des manufactures nationales s'offrit à mon imagination sous les formes les plus flatteuses. J'écrivis mon projet, je fis le plan de son exécution, et j'en formai un rapport au ministre de l'Intérieur, qui fut tout entier écrit de ma main, et remis par moi-même à M. Lancel, alors chef de division des Arts et Manufactures, dans lequel bureau doivent se trouver encore aujourd'hui les pièces dont je parle.

Mon rapport eut bientôt l'approbation du ministre de l'Intérieur, M. François de Neufchâteau ; il m'ordonna de mettre à exécution mon projet par tous les moyens utiles et convenables au gouvernement.

Saint-Cloud me parut le lieu propre à l'exécuter. Il consistait d'abord à donner des fêtes publiques, pendant lesquelles les marchands de de toute espèce, soit de Paris, soit d'ailleurs, des contrées environnantes, pourraient s'établir et y vendre sans être soumis à aucuns frais, pendant lesquelles aussi auraient lieu dans le parc des courses à pied, des spectacles et jeux de tous genres qui seraient terminés par celui des grandes-eaux à la fin de la journée, et par un feu d'artifice tiré à l'entrée de la nuit.

Ces fêtes furent autorisées par le ministre, et eurent lieu conformément à mon projet; elles ne faisaient que la partie accessoire de mon plan, qui avait pour but principal l'Exposition publique des produits des manufactures nationales.

Le château de Saint-Cloud était alors inhabité et totalement démeublé; il me parut le lieu le plus digne et le plus convenable à faire l'Exposition que j'avais conçue, et à lui donner toute la magnificence et l'éclat nécessaire pour attirer les étrangers, et provoquer ainsi la vente des objets qui devaient y être exposés, et dont le produit devait adoucir la misère des malheureux ouvriers.

Le château de Saint-Cloud me fut concédé sans peine ; je m'y établis, et j'appelai de suite près de moi MM. Guillaumot, Duvivier et Salmon, directeurs des manufactures. Je leur fis part des intentions du gouvernement, et je trouvai tous ces messieurs prêts à s'y conformer avec empressement, zèle et activité. En peu de jours, par leur bienveillante entremise, tous les murs des appartements du château se trouvèrent revêtus des plus belles tapisseries des Gobelins ; tous les parquets des différentes pièces couverts de ces superbes tapis de la Savonnerie, qui, longtemps, ont rivalisé avec les tapis de Turquie, et qui, depuis plusieurs années, ont acquis une grande supériorité sur ces derniers. Les grands et beaux vases, les magnifiques groupes, les superbes tableaux de porcelaine de

Sèvres vinrent enrichir et embellir tous ces salons, où brillaient déjà les chef-d'œuvres des
Gobelins et de la Savonnerie.

Le Salon de Mars fut changé en un ma-
gasin de porcelaines, où l'on voyait les plus
beaux services, les plus riches cabarets, des
vases à fleurs, enfin toutes les bagatelles de bon
goût qu'enfante cette incomparable manufacture ; au milieu de ce salon et au sein de toutes
ces richesses s'élevait une grande roue de for-
tune contenant les billets de plusieurs tirages de
loterie qui devaient se succéder. Tous les billets
gagnaient un petit ou grand objet : le prix de
ces billets était de douze francs.

J'en étais là de l'Exposition, lorsque le ministre, pour me seconder, m'adjoignit M. Le-
seurre, attaché comme moi au ministre de l'Intérieur, jeune homme plein de mérite, d'un
zèle et d'une intelligence peu commune. J'avais
déjà depuis quelque temps appelé auprès de moi

M. Peyre, jeune architecte, d'un goût exquis et d'un talent distingué ; ce fut lui qui dirigea toute l'ordonnance de l'Exposition, et quand elle fut achevée, je pris les ordres du ministre avant de fixer le jour de l'ouverture des salons. Il fut arrêté qu'ils seraient ouverts dans les derniers jours du mois de fructidor. Quoiqu'ils ne le fussent pas encore, déjà une multitude d'étrangers, de personnes distinguées de la capitale, munies de billets particuliers, les avaient parcourus, et avaient acheté des objets assez remarquables pour produire des fonds suffisants, à l'effet de les distribuer aux ouvriers des différentes manufactures, et par ce moyen améliorer un peu et momentanément leur sort.

Le bruit que faisait cette Exposition future donnait un extrême désir à tous les habitants de Paris d'en jouir au plus tôt ; ils attendaient avec impatience le 18 fructidor, heureux jour qui avait été fixé pour l'entrée au château de Saint-

Cloud. La cour était remplie d'équipages élé-
gants, les salons occupés également de la ma-
nière la plus brillante, lorsqu'au milieu de cette
bonne compagnie je reçus un ordre officiel qui
m'enjoignait de me rendre à l'instant au ministère, et m'ordonnait de remettre à un autre
moment l'ouverture de l'Exposition. J'obéis à
l'injonction, et le 18 au matin, avant huit heures,
j'étais rendu au ministère, où je reçus l'ordre
de faire fermer le château.

Dejà sur tous les murs de la grande cité se
trouvait placardé le décret du Directoire, por-
tant expulsion de tous les nobles, avec ordre de
se retirer, sous vingt-quatre heures, à trente
lieues de Paris, et ce *sous peine de mort*. Je me
trouvais alors dans la catégorie du décret, par
conséquent obligé de m'éloigner sur-le-champ.
Toutefois, les barrières étaient strictement fer-
mées; on ne pouvait les passer qu'avec un per-
mis du commandant de la place.

Ma position était doublement pénible : d'une part il fallait obéir au décret du gouvernement, de l'autre je lui devais compte de toutes les richesses que contenait le château de Saint-Cloud. Il me fut aisé de faire comprendre cette situation au ministre et au commandant de la place (le maréchal Augereau). Je le requis de m'accorder les forces suffisantes pour la garde du château, qui allait être fermé, et dans lequel se trouvaient les objets les plus précieux. Il me donna une compagnie de dragons commandée par le capitaine Vatier ; il ordonna qu'on me remit un *laissez-passer* qui me fut délivré, et moyennant lequel je pus sortir de Paris et revenir à Saint-Cloud. Je fis faire devant moi un inventaire général de tout ce que j'y laissais ; je fermai les portes, j'en remis les clés à M. Maréchaux, concierge, conformément à l'ordre des ministres ; j'établis tout autour les divers postes de dragons qui m'avaient été accordés pour sa sûreté, et, mes devoirs remplis, je me hâtai d'obéir au décret.

Telle est l'histoire véritable et précise de l'idée première d'une Exposition nationale, et de la première Exposition qui l'a suivie.

Quant à la seconde, qui précéda de quelques mois celle qui fut faite au champ de mars l'an 6, elle eut lieu dans la maison d'Orsay, rue de Varennes, n° 667.

DEUXIÈME EXPOSITION,

AN VI.

Mon absence ne fut pas extrêmement longue ;
je revins à Paris au commencement de l'an 6
(1798). A mon retour, le souvenir de mon
premier succès et cette idée généreuse d'une
Exposition nationale des objets de l'industrie
française, dont je prévoyais le développement,
et les suites flatteuses, me firent tenter de nou-
veau de faire une Exposition du même genre,
mais bien plus étendue, et de toutes sortes
d'industrie.

Depuis long-temps je roulais dans ma tête le
projet de rétablir parmi nous ces jeux jadis en

honneur chez les Grecs et les Romains, dans lesquels se réunissaient tous ce que ces grands peuples avaient d'hommes célèbres par leurs vertus, leur mérite, leurs talents, et par tout ce que la nature leur avait départi de force, d'adresse, de grâce et de beauté.

Plein de mon sujet, je m'entourai des hommes les plus propres à me seconder ; et, après leur avoir communiqué et fait approuver le programme du nouvel établissement que je voulais former, je dédiai le programme au gouvernement et au peuple français.

Le gouvernement applaudit à mes vues, autorisa mon plan, et seconda mes efforts autant qu'il était en lui.

Les Jeux Gymniques furent établis avec pompe et majesté dans la magnifique maison d'Orsay. Ces jeux se composaient de la Musique, la Danse, les Armes, la Lutte, l'Equitation, la Paume, l'Arc, la Lance, le Disque, les Courses à cheval, les Courses à pied, les Courses de chars.

Le local que javais choisi, prêtait à tous ces exercices et jeux par l'étendue de ses jardins et de ses appartements.

Je voulus encore généraliser dans cet établissement toutes les idées grandes et utiles dont mon esprit était rempli. Je proposai donc aux collaborateurs que j'avais pris d'ajouter aux jeux ci-dessus des réunions littéraires, une Exposition des objets les plus précieux des Arts, et enfin celle des produits de l'industrie nationale. Je n'eus pas de peine à faire admettre mes idées, et l'Exposition des objets ci-après fut arrêtée et exécutée dans l'ordre suivant :

Première pièce (Galerie).

Etoffes de toute espèce ; quincailleries, bijouteries de tous genres ; librairie distinguée par sa composition, ses éditions, ses reliures. Chose

particulière, cette librairie était la plus en vogue
au Palais-Royal ; elle appartenait à l'auteur trop
célèbre du roman de *Faublas*, membre de la
Convention. Elle était tenue par sa femme, qui
avait été surnommée, à cause de sa vertu, dont
elle se glorifiait, *Lodoïska*, nom qui fut donné à
cette galerie.

Deuxième pièce.

Armes *familières* de toutes sortes : fusils, ca-
rabines, espingoles, pistolets d'arçons et de
poches.

Troisième pièce.

Ebénisteries anciennes et modernes de toutes
les formes, parmi lesquelles on remarquait plusieurs pièces de Riessner, ébéniste de l'ancienne
cour, et de Jacob, dont la réputation commen-
çait à devenir célèbre.

Quatrième pièce.

Horlogerie et mécanique, dont plusieurs mor-

ceaux étaient de L'Epine et de Leroy, horlogers
distingués de l'époque.

Cinquième pièce.

Porcelaines des manufactures de Sèvres, de la
rue du Temple, dite *d'Angoulême,* et de Nast,
qui toutes rivalisent déjà avec la manufacture
nationale.

Sixième pièce.

Meubles magnifiques, de la plus grande ri-
chesse et du meilleur goût, parmi lesquels on
admirait des bureaux, des caisses de pendules et
des bibliothèques de Boule, enrichies d'orne-
ments et de figures de bronze dorées.

Septième pièce.

Des cheminées, des tables et des colonnes en
marbre de différentes carrières, décorées de
médaillons et incrustées de divers ornéments
egalement de bronze doré.

Huitième pièce.

Des tableaux d'histoire de nos grands maîtres, par Vincent, David et Suvé ; Paysage par Hue et Valencienne, et des Fleurs par Vandal et Vans Pankouck.

Neuvième pièce.

Des gravures et dessins des premiers maîtres du temps.

Dixième pièce.

Histoire naturelle, oiseaux et animaux injectés.

Onzième pièce.

Salle d'exercices ; car à cette Exposition se trouvaient annexés, comme nous l'avons dit ci-dessus, les Jeux Gymniques, et c'était dans cette salle qu'avait lieu particulièrement la danse, la lutte et l'escrime ; c'est aussi dans cette même salle que se tenaient les assemblées littéraires qui avaient lieu deux fois par semaine, et où se distribuaient les prix remportés dans les divers jeux.

A la suite des deux Expositions dont je viens de parler fut inaugurée quelques mois après avec pompe et magnificence par le ministre de l'Intérieur, et au nom du gouvernement, celle qui eut lieu au Champ de Mars. L'historien de la fondation de l'Exposition de l'industrie française la désigne comme la première d'une institution vraiment monumentale. Je suis loin de le contrarier à cet égard, parce que je pense qu'il a de puissants motifs pour s'excuser de n'avoir pas parlé des expositions du château de Saint-Cloud et de la maison d'Orsay.

Premièrement, presque un demi-siècle s'est écoulé depuis cette époque au milieu des événements de tous les genres.

Deuxièmement, jusqu'à ce jour j'avais gardé le silence, et j'étais le seul sans doute à devoir rappeler des faits dont j'étais le seul auteur.

Enfin, si ces deux motifs n'étaient pas suffisants pour excuser le silence de l'historien, il

pourrait dire avec raison, je crois, que les deux
Expositions qui ont précédé celle du Champ de
Mars n'étaient pas nationales, mais purement
privées, puisque le public n'y était point admis
sans payer. Toutefois, en renonçant comme on
le voit à réclamer la priorité pour les deux
Expositions de l'an 5 et de l'an 6, par le motif
ci-dessus exprimé, rien ne peut s'opposer à me
présenter comme le premier qui ait eu l'idée de
cette incomparable institution, qui, par son
développement et son extension toujours pro-
gressive, fait aujourd'hui l'étonnement et l'admi-
ration du monde entier. J'ose donc me flatter
qu'à ce dernier titre j'ai quelques droits à pré-
tendre à la reconnaissance publique, à l'atten-
tion, et peut-être même à la munificence d'un
gouvernement aussi juste qu'éclairé.

Neuilly. — Imprimerie de A POILLEUX.